건설 휴먼비즈니스
Construction is HUMAN business

배학근, 2025

머리말

어떤 산업이든 발전하기 위해서는 선제적으로 해결해야 할 문제가 있기 마련이다.

건설산업 또한 많은 문제를 당면하고 있다.

본 책은 건설산업의 문제를 해결하는 방안의 하나로 산업에 대한 기존의 시각을 바꿔 볼 것을 제안한다.

건설산업이 기술 및 제도를 기반으로 한 산업이라는 것에는 이견이 없으리라고 생각한다.

저자 또한 이러한 생각에 100% 동의한다. 따라서 건설산업을 발전시키기 위해 지금껏 우리는 기술을 개발하고 제도를 개선하는 데에 우선순위를 두고 집중해 왔다.

저자가 책 제목을 '건설 휴먼비즈니스'라고 한 이유는 기술 및 제도의 중요성을 부정하는 것이 아니고, 건설산업에 종사하는 사람 또한 산업의 중요한 축이기에 이들의 문제를 해결함으로써 궁극적으로 건설산업이 발전될 수 있다고 믿기 때문이다.

잘 알다시피 문제를 해결하는 단 하나의 방법은 존재하기 어렵다. 왜냐하면 문제를 일으키는 원인이 다양하기 때문이다.

그래서 우리는 중요하다고 생각하는 것 위주로 해결방안을 모색해서 문제를 해결하고 있다.

건설산업에서 사람은 기술이나 제도만큼 중요한 요소이

지만, 실제 현장에서는 등한시되어온 경향이 있다.

따라서, 본 책을 통해 건설산업에서 기술이나 제도 못지않게 사람도 중요하다고 생각해 보는 기회를 가짐으로써 우리의 건설산업이 좀 더 발전할 수 있는 계기가 되었으면 한다.

기술을 개발하고 제도를 개선하는 것은 생각보다 어렵고 시간이 걸린다는 것을 우리는 경험을 통해 잘 알고 있다.

하지만 건설산업에 종사하는 우리 각자가 인식 변화를 통해 서로를 존중하고 배려함으로써 건설산업 발전에 기여해보는 것은 어떨까?

이것은 즉각적이면서도 현실적인 방안이 될 거라고 확신한다.

목차

머리말   2

제 1 장
건설산업 현황   … 7

제 2 장
현재의 문제점   … 17

    2-1. 건설하자   21

    2-2. 건설사고   25

제 3 장
기존의 해결방안   … 29

    3-1. 기술개발   32

    3-2. 제도개선   35

제 4 장
새로운 방안 제시 (종사자 만족도 제고)   … 39

    4-1. 건설철학   50

       4-1-1. 사회공헌 산업   51

       4-1-2. 인간존중 산업   54

　　　　가. 언어　　　　　　　　　　　57
　　　　나. 근무환경　　　　　　　　　60
　　4-2. 적절한 보상　　　　　　　　　63
　　　　4-2-1. 과학적 사고　　　　　　68
　　　　　가. 논리성　　　　　　　　　71
　　　　　나. 체계적 일 처리　　　　　73
　　　　4-2-2. 전문가 양성시스템　　　77
　　　　　가. 전문가에 대한 구분 및 정의　79
　　　　　나. 체계적인 교육(훈련 포함) 과정　82
　　　　　다. 철저한 검증　　　　　　　84

제 5 장
부가적 제안　　　　　　　　　　… 87

　5-1. 건설산업 연구 방향　　　　　　91
　5-2. 해외시장 진출 전략　　　　　　96
　5-3. 정부의 개입 정도　　　　　　 100
　5-4. 대국민 홍보　　　　　　　　　103

제 6 장
맺음말　　　　　　　　　　　　… 107

제 1 장

건설산업 현황

건설산업의 사전적 의미는 '토목, 건축, 사회 기반 시설 등의 건설, 유지 관리, 철거 등에 필요한 모든 산업을 통틀어 이르는 말'이다.

이러한 건설산업은 생활에 꼭 필요한 기본 산업이므로 시기에 따라 부침이 있을 뿐, 인류가 생존하는 한 지속적으로 유지되는 산업이라 할 수 있다.

본 장에서는 우리의 건설산업이 어떤 위치에 있는지를 알아보고자 한다.

먼저 우리 건설산업을 담당하는 정부 조직의 역사를 통해 산업의 발전과정을 살펴보자. 국토교통부 홈페이지 연혁 자료에서 중요한 사안만 정리해 보았다.

2023년 1월 27일 현재 국토교통부

본부: 2차관 5실 4국 18관 87과 9팀(1,037명)

소속: 지방청 15개 등 3,083명

2013년 국토교통부 설립

　　　2차관 5실 4국 16관 80과(956명)

　　　*기존 국토해양부 업무 중 해운물류, 항만, 해양환경 등 해양 관련 업무 제외

2008년 국토해양부 설립

　　　2차관 5실 3국 1대변인 18관 92과 9팀 2센터(1,100명) (건설교통부+해양수산부의 해운물·항만, 해양환경+행정자치부의 지적업무)

1994년 건설교통부 신설

1962년 건설부 설립[4국 15과]

1955년 부흥부 신설[2국 9과] 61명

위의 내용을 보면 1962년 이래로 46년간 사용된 '건설'이라는 용어가 2008년부터 정부부처 명칭에서 사라지고 '국토'로 대체된 것을 알 수 있다.

그동안은 시설물 건설에 집중해 왔다면 이때부터는 시설물 건설을 포함한 더 포괄적인 개념으로 국토의 가치와 활용도를 제고하겠다는 정부의 의지로 해석할 수 있다.

2024년 말 기준으로 보면 '건설'이라는 명칭이 사라진 지 벌써 16년이나 되었다.

시설물 건설의 형태도 저개발 국가에서 선진국으로 발전하기 위해서 낙후되고 부족한 많은 양의 시설물을 신속하게 저비용으로 건설하는 데 집중해 왔다.

현재 우리 주위를 둘러보거나 여행을 다녀보면 60여 년에 걸쳐 얼마나 많은 시설물이 건설되었는지를 실감할 수 있다.

우리의 삶을 윤택하게 해주고 국가 경제를 발전시킨 인프라시설, 산업시설, 주거시설, 상업시설, 의료시설, 교육시설, 문화시설, 휴양시설 등이 국토 곳곳에 건설된 후 운영되고 있고, 생애주기를 다한 기존의 시설물들은 새로운 시설물로 거듭나고 있는 실정이다.

건설산업의 규모를 살펴보면 우리의 건설산업의 위치를 훨씬 더 실감할 수 있다.

국토교통부에서 운영 중인 건설산업종합정보망(KISCON)에 통보된 건설공사대장 기재사항을 집계·분석한 자료에 따르면 2024년도 건설공사 계약액은 252.5조 원에 이른다.

그중 공공계약은 77조 원(30%), 민간계약은 175.5조 원

(70%)이고, 산업시설과 조경을 포함한 토목계약은 80.8조 원(32%), 건축계약은 171.7조 원(68%)으로 구분된다. 계약금액은 종합건설업체와 전문건설업체가 계약한 1억 원 이상 원도급공사를 대상으로 한 것이다.

2025년 1월 9일 국토교통부 보도자료에 따르면 2024년 해외건설 수주실적집계 결과, 371.1억 달러를 수주하여 누적 수주금액 1조 달러(1조 9억 달러)를 달성하였다고 밝혔다.

이는 1965년 태국에서 최초로 해외수주를 시작한 이래 59년 만에 이룬 성과로 반도체·자동차에 이어 수출·수주 분야에서 세 번째로 1조 달러를 달성한 것이다.

시설물의 안전 및 유지관리에 관한 특별법에 따라 관리대상이 되는 시설물은 2023년 말 기준으로 총 171,106개나 되며, 34,506개의 교량, 5,084개의 터널, 513개의 항만 시설, 625개의 댐, 111,134개의 건축물, 6,993개의 하천시설, 2,320개의 상하수도 시설, 4,495개의 옹벽, 4,648개의 절토사면, 39개의 공동구, 749개의 기타시설로 구분된다.

통계청 건설업 조사 자료에 따르면 2023년도 종합건설업체와 전문건설업체를 포함한 전체 건설업체 수는 87,891개이고, 종사자 수는 1,810,283명이다.

한국건설기술인협회 회원 수는 2024년 말 기준으로 1,028,226명이나 된다.

위에서 언급한 국내·외 건설공사 시장의 규모, 국가에서 관리하는 시설물 수, 건설업체 수, 건설업 종사자 수, 기술인력 수를 감안해 보면, 시설물은 지속적으로 더 건설되겠지만 우리의 건설산업은 부족한 시설물을 건설하는 양적인 단계는 상당 부분 충족되었다고 확신한다.

이제는 단기간에 대단한 성과를 이루기 위해 건설의 양과 속도에 집중함으로써 발생한 문제점을 살펴보고, 그동안 소홀히 했던 부분을 정비해 건설의 질을 높일 방안을 모색할 때이다.

건설의 질을 높임으로써 수요자(발주자와 사용자)의 만족도를 높이고, 수요자가 그에 상응하는 대가를 지불하는 선순환 구조를 만들어 산업을 발전시켜야 한다.

또한 경쟁력을 갖춘 산업은 자연스럽게 국내에만 머무르지 않고 해외로 진출해 산업의 시장을 확대시킬 것이다.

다음 장에서는 이와 같이 건설산업의 기반을 이루는 건설 관련 업체 및 인력이 양성된 상태에서 질적인 단계로 도약하기 위해 해결해야 할 문제점에 대해 설명하고자 한다.

제 2 장

현재의 문제점

질적인 단계로 진입해야 하는 우리의 건설산업이 경쟁력을 가지고 더 발전하기 위해서는 현재 우리가 당면한 건설산업의 문제점을 해결해야 한다.

현재 저자가 반드시 해결해야 한다고 생각하는 중요한 문제점은 크게 두 가지로 정리할 수 있다.

그것은 건설하자와 건설사고로써, 지금보다도 현저하게 발생 건수를 줄여야 한다고 생각한다.

'1장'에서 서술한 바와 같이 시설물의 안전 및 유지관리에 관한 특별법에 따라 관리 대상이 되는 시설물이 2023년 말 기준으로 총 171,106개나 된다는 것은 발생할 수 있는 건설하자와 건설사고의 대부분은 우리가 이미 경험한 것들이라고 볼 수 있다.

시설물 건설에서 반복적으로 발생하는 건설하자와 건설

사고는 어느 정도 사전 예방이 가능한데, 이러한 사전 예방이 가능한 문제를 해결하지 않고서는 사실상 질적인 발전 단계로 진입하기는 어렵다고 생각한다.

2-1. 건설하자

건설하자는 크게 설계하자와 시공하자로 나눌 수 있다.

설계 자체가 잘 못 되어 설계대로 시공했음에도 하자가 날 수도 있고, 설계대로 시공이 되지 않아 하자가 발생할 수도 있다.

수요자 입장에서는 설계하자인지 시공하자인지 그 종류는 중요하지 않다.

그저 시설물이 제 기능을 하지 못한다는 점에서 건설산업의 결과물이 전문적이지 않다는 평가를 내리게 된다.

수요자 입장에서는 시설물에 하자가 없기를 바라겠지만, 현실적으로 어느 정도의 하자 발생은 불가피하다는 것을 인지하고 있을 것이다.

그 수준이 정확하게 정의된 것은 없지만, 현재는 수요자가 기대하는 수준보다 더 많은 하자가 발생하고 있다고 여겨진다.

물론 왜 이렇게 하자가 많이 발생하는지에 대한 원인은 갑론을박이 있을 수 있다.

과거에는 경부고속도로 건설의 경우와 같이 하자를 감수하더라도 경제적 효과를 고려하여 일단 고속도로 개통을 우선시했던 사회적 분위기가 존재했다.

하지만 이제는 시설물의 하자를 최소화하지 않고는 수요자의 신뢰를 얻을 수도 없고, 한 단계 발전된 상태로 나아

갈 수도 없다고 생각한다.

2024년 10월 15일 국토교통부는 하자심사분쟁조정위원회에 신청된 공동주택 하자 처리 현황을 공개했다.

연도별 하자 판정 건수는 2019년 1,134건, 2020년 1,311건, 2021년 1,926건, 2022년 1,171건, 2023년 1,584건, 2024년 8월까지 1,071건이나 된다.

하자로 인정된 주요 유형을 살펴보면, 기능 불량(14.01%), 들뜸 및 탈락(12.1%), 균열(10.7%), 결로(8.4%), 누수(7.8%), 오염 및 변색(7.3%) 순이다.

한편, 2024년 1월부터 8월까지 하자심사분쟁위원회에 접수된 하자분쟁 사건은 총 3,119건으로, 2022년 이후부터 신청이 지속적으로 증가하는 추세이다.

위 자료는 시설물 중 공동주택에 한한 하자심사분쟁조정위원회에서 판정된 하자 건수로써, 수요자들이 완성된 시설물에서 경험한 실제 하자는 훨씬 더 많을 것이다.

우리 건설산업이 질적인 단계에서도 경쟁력을 가지기 위해서는 시설물 기능에 대한 수요자의 부정적 평가를 가장 먼저 해결할 필요가 있다.

2-2. 건설사고

시설물 건설 중 발생하는 사고는 건설산업 종사자를 포함해 주변인들에게도 막대한 피해를 줄 수 있다.

따라서 사고가 발생하지 않도록 철저한 대비가 필요하다.

건설하자와 마찬가지로 현재 건설사고 또한 적지 않게 일어나고 있는 실정이다.

시설물의 양을 중요시했던 단계에서 발생된 인적 희생도 허용돼서는 안 되겠지만 질적인 단계에서는 훨씬 더 엄격한 현장 관리로 인적 사망이나 부상 발생 건수를 최소화해야 한다.

건설 중 사고는 인적 희생뿐만 아니라 시설물의 건설 기간과 비용에도 막대한 악영향을 준다.

따라서 이를 획기적으로 개선하지 않고는 우리 건설산업이 질적인 단계에서의 경쟁력을 가지기 어렵다고 생각한다.

2024년 10월 24일 자 대한경제신문에 따르면 근로복지공단의 시공 능력 평가 상위 20개 건설사의 산재 인정 건수를 분석한 결과, 최근 5년(2020~2024년)간의 건설사고는 총 16,805건이나 된다.

연도별로는 2020년 2,611건, 2021년 2,890건, 2022년 3,633건, 2023년 4,862건, 2024년 6월까지 2,809건이나 되었다.

이는 20개 상위 건설회사에서만 매일 10건의 사고가 발생했다는 것을 의미한다.

2020년 대비 2023년의 산재 인정 건수는 86%(2,251건) 증가했고, 2024년 상반기 건수만 2020년 한 해의 산재 인정 횟수를 뛰어넘은 것으로 나타났다.

또한 소방청 국가화재정보시스템 자료에 따르면 지난 2020년부터 2024년까지 최근 5년간 건설 현장에서 발생한 화재 사고는 총 2,732건에 달했다.

건설업에서 발생한 사고 사망자 수는 안전보건공단 자료를 분석한 결과 2019년부터 2023년까지 총 2,061명이나 된다.

고용노동부의 '2024년 유족급여 승인 기준 사고사망 현황'에 따르면 지난해 산업재해 사망사고로 유족급여 승인을 받은 근로자는 총 827명이다.

이중 건설업의 사고사망자는 328명으로 전체 사망자의 39.7%를 차지하며 가장 큰 비중을 보였다.

이 수치는 제조업의 3.4배이며, 서비스업 등 기타 업종의 14배나 되는 수준이다.

이제는 인적 희생을 동반한 시설물 건설은 종지부를 찍고, 사고 없는 건설 현장을 만들어 질적인 단계의 건설산업으로 진입해야 한다.

제 3 장

기존의 해결방안

건설산업이 다수의 시설물을 공급하는 양적인 단계에서 질적인 단계로 발전하기 위해서는 현재의 건설하자와 건설사고를 획기적으로 줄여야 하는데, 그동안 우리는 기술개발과 제도개선에 주력해왔다.

이번 장에서는 이 두 가지 방법에 대해 알아보자.

3-1. 기술개발

건설산업이 발전하기 위해 가장 필요한 한 가지가 무엇이냐고 물어본다면 대부분의 사람이 기술이라고 답하는데 주저함이 없을 것이다.

그래서 지금까지는 건설산업에서 발생하는 문제는 기술력 부족으로 인한 것이라고 생각해서 산업계, 학계, 연구기관, 정부 모두가 연구조직을 구성하여 기술개발에 매진해 왔다.

그 성과로 수많은 건설 관련 신기술, 특허, 실용신안이 개발되었다.

지정이 어려워 최고의 기술로 인정되는 건설신기술의 경우 1989년 제도 도입 35년 만인 2024년에 제1,000호가 탄생했다.

현대건설의 경우를 보더라도, 2022년 기준 누계 특허보유건수는 633건이나 될 뿐 아니라, 2022년에만 1,368억 4,200만 원을 연구개발비로 사용했을 정도로 기술개발에 힘을 쓰고 있다.

현재는 초고층 빌딩, 해저터널 등 기술력이 요구되는 시설물을 건설하는 데 있어 기술 능력이 부족해 어려움을 겪는 경우는 거의 없다고 봐도 될 정도로 기술 수준이 높아졌다고 생각한다.

그동안 개발된 건설하자 및 건설사고 절감 기술도 분명 문제해결에 도움이 되었을 것이다.

하지만 앞서 언급한 건설하자 및 건설사고 발생 건수를 고려해 볼 때 이 분야에 대한 기술개발의 노력은 여전히 지속적으로 이루어져야 할 것으로 보인다.

3-2. 제도개선

제도는 법적인 강제성을 가지므로 문제해결에 매우 강력한 방안이 될 수 있다.

건설산업에서 발생하는 하자, 사고, 분쟁, 민원 등 여러 문제점을 해결하기 위해 그간 정부는 관련자의 책임과 권한을 명확히 하고, 처벌을 강화하는 등 다양한 제도를 신설하고 기존의 제도를 개선해 왔다.

정부는 시설물 수요자 및 산업계의 요구사항을 경청하고, 학계 및 연구기관에 의뢰해 국내·외 사례 조사를 실시한 후 다시 세미나 및 공청회를 통해 각계각층의 의견 수

렴을 하는 과정을 반복해 왔다.

그 결과 건설산업 관련 제도는 매우 다양한 분야에서 상세하게 만들어져 있다는 평가를 받고 있다고 생각한다.

하지만 아무리 정교하게 만들어진 제도라고 하더라도 장점과 단점이 공존하기 마련이라, 제도의 단점을 부각시키는 시각에서 보면 제도 자체가 매우 잘못된 것처럼 보이기도 한다.

또한 모든 비판을 수용하는 제도란 현실적으로 존재하기 어렵고, 완전한 제도를 만들려는 시도 또한 종종 현실과는 동떨어진 제도가 되어 현업에서는 따르기가 쉽지 않다.

결국 제도에 의한 실질적 효과는 예상과 다른 결과를 가져오는 경우가 적지 않다.

그럼에도 불구하고 제도 도입이 문제해결의 강력한 수단이라는 점은 부인하기 어렵다.

실제 건설산업에서도 제도를 신설하고 개선함으로써 건설하자와 건설사고를 줄일 수 있었기 때문이다.

따라서 앞으로도 지속적으로 제도를 신설하고 개선해 건설하자와 건설사고를 포함한 다양한 건설산업의 문제를 해결할 수 있기를 기대한다.

다만 건설산업의 기반이 부족했던 시절에 만들어진 제도는, 현재의 상황에 맞게 수정될 필요가 있다.

정부는 기존의 제도가 현재의 건설산업이 지향하는 목적에 적합한지를 검토해 본 후 수정할 부분은 과감히 개선하는 결단력을 보여줘야 하는 시기라고 생각한다.

제 4 장

새로운 방안 제시
(종사자 만족도 제고)

건설산업이 질적인 단계에서의 경쟁력을 가지기 위해서는 우리가 힘써왔던 기술개발과 제도개선이라는 기존의 해결 방법과 더불어 새로운 방안을 제시하고자 한다.

그것은 산업종사자의 만족도를 높이는 것이다.

건설산업의 경쟁력을 높이는 방안은 다양하다. 하지만, 산업에 종사하는 인력의 만족도가 중요한 요소인 것에는 이견이 없으리라 생각한다.

그동안 경제 발전과 생활 안정을 위해 많은 양의 시설물을 신속하게 건설해 왔다. 그 과정에서 건설산업에 종사하는 사람에 대한 배려는 우선순위에서 밀려온 것이 사실이다.

현재 우리의 건설산업은 초기에 목표로 한 양적인 성장은 어느 정도 달성했다고 할 수 있다.

따라서 이제는 질적인 성장을 해야 할 때인데, 이를 위해서는 기술개발과 제도개선 못지않게 산업종사자의 문제를 해결하는 방안을 모색해야 한다고 생각한다.

그동안 기술과 제도에 100%의 관심을 가졌다면, 이제는 기술과 제도에 80%를 쏟고, 나머지 20%는 사람에게 할애하자는 것이다.

즉, 건설산업에 있어 기술과 제도의 중요성을 부정하는 것이 아니고, 그동안 너무 등한시 해온 사람에 대해 좀 더 관심을 가져 당면한 문제를 해결해보자는 것이다.

건설산업 종사자를 기능별로 크게 구분하면, 설계자, 공사자, 관리자로 나눌 수 있다.

설계자는 설계물을 만들어 내는 데 종사하는 자이며, 공사자는 실제 시설물을 만드는 데 종사하는 자를 말한다.

관리자는 설계자가 만드는 설계물을 검토 및 관리하거나, 공사자가 만드는 시설물을 검사하고 관리하는 자로 정의할 수 있다.

업체로 설명하면 설계자는 건축사사무소, 엔지니어링 업체가 될 것이고, 공사자는 실제 공사를 시행하는 건설회사, 관리자는 감리업체, CM업체, PM업체라고 할 수 있다.

설계자가 법에 맞고, 원가, 공정, 품질, 안전, 환경, 시공성 등을 고려한 완벽한 설계물을 만들어 내고, 공사자가 그 설계물에 따라 완벽한 시설물을 완성해 낸다면 관리자의 역할은 미미할 것이다.

하지만 현실에서는 설계자 및 공사자가 수요자와의 이해관계에서 자신의 이익을 우선시할 수 있기 때문에 관리자의 역할은 필요하다.

이에 법으로도 일정 범위 내에서 그 지위를 보장함으로써 관리자는 시설물 건설의 생산 주체인 설계자, 시공자와 더불어 제삼자 독립 검사자로서 중요한 역할을 담당하고 있다.

그동안 정부는 하자와 사고를 줄이기 위해서 설계, 시공, 관리 기술개발을 독려하고, 설계자, 시공자, 관리자의 책임을 강화하는 등의 제도개선을 해 왔다.

또한 설계자나 시공자 모두 하자와 사고를 줄이기 위해 나름대로 노력을 해왔으며, 이런 노력은 앞으로도 지속적으로 이루어져야 한다고 생각한다.

하지만 생산 주체인 설계자와 시공자가 스스로 하자와 사고를 최소화하지 않는다면 정부나 관리자의 감시, 감독, 점검 기능으로 하자와 사고를 줄이는 것에는 한계가 있다.

현재에도 하자나 사고가 끊이지 않고 발생되는 것에 대해 설계자와 시공자 모두 낮은 대가, 잦은 변경 요구, 부족한 작업 일정 등으로 인한 업무 수행에서의 어려움을 호소하고 있으며 이런 요인이 하자 및 사고 발생의 중요한 원인이라고 생각한다.

하지만 독자분들도 경험적으로 인지하고 있다시피 이런 건설 환경을 변화하는 것은 쉽지 않고, 많은 시간이 소요된다.

그래서 기술개발과 제도개선을 통해 건설 환경을 변화시키는 노력을 지속적으로 하면서, 실현 가능성이 높은 내부 해결 방안 모색에 집중해 건설산업 종사자 각자가 주어진 환경 내에서 변함으로써 문제를 해결하자는 것이다.

건설산업 종사자가 일에 대한 만족도가 높아지면 일에 애착을 가지고 집중해서 좋은 결과를 만들어 낼 수 있고,

그 결과에 대해 보상이 이어지는 선순환으로 산업이 발전하게 된다.

그렇다면 건설산업 종사자의 일에 대한 만족도는 어떻게 높일 수 있을까?

첫째는 건설산업 종사자가 일에 대해 보람을 가져야 하고, 둘째는 일에 대한 적절한 금전적 보상이 있어야 한다.

일부 사회 구성원은 자신이 하는 일에 대해 자부심과 보람을 느껴 낮은 대가를 받으면서도 업을 이어가곤 한다.

하지만 이는 생활인으로서는 쉽지 않은 상황이다. 그래서 건설산업 종사자의 만족도를 높이기 위해서는 일에 대한 보람과 더불어 적절한 금전적 보상이 반드시 필요하다.

각각의 방안에 대해 좀 더 자세하게 알아보자.

건설산업 종사자가 일에 대한 보람을 가지려면 그들이 건설을 어떻게 생각하고, 건설이 사회에 어떤 가치를 주는지 등에 대한 철학이 필요하다.

저자는 건설산업 종사자 각자가 건설 철학에 깊이 공감하고 자신에게 영향을 줌으로써 자기 개선을 시작할 때, 건설산업이 가진 문제가 상당 부분 해결될 수 있다고 생각한다.

건설산업 종사자는 자신이 하는 일이 사회에 긍정적인 영향을 주고, 자신이 존중받고 있다는 것을 인지함으로써 일에 보람을 느끼고 일에 대한 만족도를 높일 수 있을 것이다.

그래서 건설 철학이 필요한데, 이 부분에 대해서는 이후 자세하게 설명하고자 한다.

건설산업 종사자가 일에 대해 보람을 가지는 것은 내부적으로 각자의 영향력 내에 있지만, 적절한 금전적 보상은 대가를 지불하는 외부의 영역이기에 실현이 쉽지 않다.

건설산업 종사자가 끊임없이 대가의 개선을 요구했지만 그 결과는 그리 효과적이지 않았음이 이를 증명한다고 생각한다.

수요자는 가능하면 낮은 비용으로 시설물을 건설하려 한다. 그래서 건설산업 종사자가 적절한 대가를 받기 위해서는 자신들이 하는 일이 전문적인 일이기 때문에 낮은 비용으로는 수요자가 원하는 시설물 건설이 어렵다는 것을 수요자에게 이해시킬 수 있어야 한다.

즉 건설산업 종사자가 전문가로 인정되지 않고는 적절한 대가를 받기 쉽지 않다는 것이다.

그래서 건설산업 종사자의 만족도를 높일 수 있는 두 번째 방안을 실현하기 위해 필요한 사항, 즉 전문가로 인정받기 위해 요구되는 내용에 대해서는 추후 설명하고자 한다.

4-1. 건설철학

앞서 설명한 대로 건설산업 종사자가 일에 대해 보람을 느끼기 위해서는 건설에 대한 철학이 필요하다.

저자가 생각하는 건설산업 종사자가 공유해야 할 철학의 두 가지 내용은 다음과 같다.

첫째, 건설산업은 사회에 공헌하는 산업이다.

둘째, 건설산업은 인간을 존중하는 산업이다.

각각의 내용에 대해 좀 더 자세히 살펴보자.

4-1-1. 사회공헌 산업

건설산업 종사자는 자신이 일을 하는 것이 돈을 벌기 위한 생활 수단임과 동시에 필요한 시설물을 건설해 국가 경제 발전에 기여하고 시설물 사용자에게 더 나은 삶을 제공함으로써 사회에 공헌한다는 마음을 반드시 가져야 한다.

즉 건설산업 종사자들은 자신이 의미 있는 일을 하고 있다고 느껴야 한다는 것이다.

그동안 건설산업 종사자들이 건설한 수많은 시설물로 인해 경제가 급속하게 발전하고, 국민들의 삶의 질이 획기적으로 개선되었다는 것을 부인할 사람은 없을 것이다.

건설산업 종사자는 어려운 여건하에서도 도로, 교량, 터널, 철도, 공항, 항만, 공장, 플랜트, 발전소 등을 건설해 우리나라 경제를 발전시키는 데 중요한 역할을 하였다.

또한 상하수도, 아파트, 학교, 병원, 백화점, 업무빌딩, 호텔, 경기장, 놀이시설, 도서관, 박물관, 미술관, 콘서트홀, 종교시설 등을 건설함으로써 국민의 삶의 질을 개선해 왔다.

앞서 언급했듯 현재 건설산업의 문제점인 건설하자와 건설사고로 인해 건설산업에 대해 좋지 않은 이미지가 있는 것도 사실이지만, 건설산업 종사자가 사회에 공헌해 왔다는 것을 부정하기는 어렵다.

따라서 건설산업 종사자 각자가 스스로 사회에 공헌한다

는 것을 인지하면서 일을 한다면 자부심과 보람을 느끼게 될 것이고, 그럼 자연스레 일에 대한 만족감이 높아질 것이다.

이런 상태가 되면 누구의 감독이나 지시를 덜 받더라도 자신의 일을 더욱 완벽하게 수행하려 할 것이다.

궁극적으로는 자신이 한 일에 있어 하자나 사고를 최대한 줄이려고 노력을 해 사회 공헌에 누가 되지 않도록 최선을 다할 것이다.

이렇듯 건설산업 종사자가 사회에 공헌한다는 철학을 가지는 것은 매우 중요하다.

4-1-2. 인간존중 산업

건설산업 종사자가 자신이 하는 일이 사회에 공헌한다는 것을 인지하는 것과 더불어, 자신이 인간적으로 존중받고 있다고 느낄 때 일에 대한 보람을 갖게 된다고 생각한다.

건설산업이 인간을 존중하는 산업이라는 것은 산업 종사자를 단지 시설물을 건설하기 위한 수단으로 보는 것이 아니라, 인간 자체의 가치를 인정한다는 뜻이다.

이는 건설산업 종사자들이 각자의 위치에서 서로를 배려해 줌으로써 사회 구성원으로서 인간답게 일하도록 도와주자는 것이다.

안 되는 일을 무리하게 해주자는 것이 아니라 각자 가능한 범위 내에서 신경을 써주고 강압적인 태도가 아닌 인간적으로 대해줌으로써 업무를 잘할 수 있는 근무 환경을 조성해 주자는 것이다.

또한 건설산업이 인간존중의 산업으로 자리 잡게 되면 젊은 사람의 유입에도 많은 도움이 될 것이다.

그동안의 양적인 건설과정에서는 시설물 건설의 일정에 여유가 없어, 위로 부터의 지시를 따르기에 급급하다 보니 조직이 경직되어 군대와 같은 수직적 문화를 가지게 된 것이 사실이다.

상황이 이렇다 보니 현재는 젊은이들이 건설산업에 유입되더라도 쉽게 적응하지 못하고 이직하는 경우가 늘고 있다.

건설산업을 포함해 젊은 사람이 유입되지 않는 산업은 발전할 수 없다.

인간존중의 문화는 건설산업의 질적인 단계에서도 경쟁력을 가지기 위해서는 반드시 필요하다고 생각한다.

이런 인간존중의 철학을 건설산업 종사자들이 실천하기 위해서는 많은 부분을 고려해야 하겠지만, 저자가 가장 중요하게 생각하는 두 가지는 언어와 근무환경이다.

가. 언어

건설산업 종사자가 인간 존중의 철학을 가지고 있다는 것은 의사소통 시에 그에 맞는 언어를 사용한다는 것을 뜻한다.

무시, 조롱, 반말, 비속어 등을 사용하지 않고, 나이, 성별, 지위에 상관없이 인간으로서 존중하는 마음으로 언어를 구사해야 한다.

물론, 언어 이외에 표정, 태도, 행동으로 인해 인간으로서 존중받지 못한다는 느낌을 받을 순 있지만 의사소통에 있어 언어가 가장 중요한 요소임은 부인할 수 없다.

1953년 런던을 배경으로 한 영화 'Living(2022)'은 시청 공공사업과 과장인 윌리엄스의 삶을 보여준다.

한 가지 인상 깊었던 장면이 있었는데, 여성 민원인들이 시청에 아이들을 위한 놀이터를 만들어달라는 요청을 할 때, 시청의 관련 부서인 공공사업과, 공원과, 환경미화과에서 서로 자기 일이 아니라며 타 부서에 책임을 떠넘기는 것이었다.

민원인의 요청을 거절하는 데 있어 내용은 분명히 전달하되 상대방을 존중하는 언어를 사용해 매우 정중하고 부드럽게 설명하는 것을 보고 감명을 받았다.

저자도 서로 의견이 대립될 때 분노의 감정을 조절하지 못하고 부적절한 언어를 사용해 의견의 핵심은 없어지고, 감정적 언어를 부적절하게 사용한 것에 대한 다툼만 남게 되는 경우를 많이 봐왔다.

우리가 인간존중의 마음을 항상 잊지 않는다면 서로 의견이 다를지라도, 상대방에 대한 배려가 전달되어, 긍정적이고, 신뢰적인 관계를 형성할 수 있다고 생각한다.

또한 인간존중의 언어는 건설산업 종사자의 심리적 안정에도 도움이 되어 건설 사고를 줄이는 데도 긍정적인 영향을 주리라 믿는다.

나. 근무환경

인간존중의 철학을 가진다는 것은 건설산업 종사자가 그에 맞는 근무 환경에서 일하고 있는지를 신경 쓰는 것이다.

건설산업 종사자의 안정을 위해 업무 중 잠시 쉴 곳이 있는지, 소음과 공기의 질이 적절히 관리되고 있는지, 화장실은 잘 구비되어 있는지, 위생상 씻을 곳은 있는지, 재난 관리가 잘 되고 있는지 등 근무 환경에 대해 인간을 우선시하는 마음을 가지고 배려해 주자는 것이다.

이는 무조건 근무 환경을 완벽하게 해주자는 것이 아니다.

그보다는 여건이 가능한 범위에서 건설산업 종사자가 인간적인 배려를 느낄 수 있는 근무 환경을 조성해 주자는 것이다.

건설산업 종사자의 근무환경을 고려할 때는 법적인 요구사항을 준수하고 있는지를 반드시 점검해 볼 필요가 있다.

왜냐하면 법은 사회를 지탱하는 최소한의 요구로서 반드시 지켜야 하는 사회의 규범이기 때문이다.

그동안 많은 시설물을 적은 비용으로 단기간에 건설하다 보니, 목표 달성을 위해 법을 어긴 경우도 있었을 것이다.

하지만 근무 환경에 대해서는 법을 100% 준수한다는 마음가짐을 가지고 일을 수행함으로써, 법을 준수하지 못하는 상황이 있더라도 타협이나 포기하지 말고, 힘을 합쳐

방법을 강구해야 한다고 생각한다.

적어도 근무 환경과 관련해서는 불법이 전혀 없다는 평가를 받을 수 있도록 끊임없이 노력해가야 한다.

4-2. 적절한 보상

건설산업 종사자는 사회에 공헌하고 인간을 존중하는 철학을 바탕으로 일에 대한 자부심과 보람을 느낄 때, 궁극적으로는 일에 대한 만족도도 높아져 일을 완벽하게 수행하게 된다.

하지만 앞서 설명한 바와 같이 일의 만족도를 높이기 위해 필요한 요소가 하나 더 있다.

바로 일에 대한 적절한 보상이다.

하지만 이것은 건설산업 종사자가 자신들의 내부적 변화

에 의해 건설철학을 공유하고 실행함으로써 일에 대한 만족도를 높이는 방안과는 달리, 외부적 평가에 의해 결정되는 사안이다.

물론 수요와 공급의 법칙에 의해 공급이 모자랄 경우에는 수요자의 평가에 좌우되지 않고 적절한 보상을 받을 수 있다.

하지만, 지금의 건설산업 공급자는 '1장 건설산업 현황'에서 언급한 대로 이미 상당한 규모의 업체와 기술자를 보유하고 있다.

이런 상황에서 수요자가 설계자, 시공자, 관리자가 요구하는 적절한 보상을 해주기 위해서는 반드시 수요자가 건설산업 종사자의 전문성을 인정할 수 있어야 한다.

그렇다면 건설산업 종사자가 전문가로서 확실히 인정받

기 위해 필요한 사항은 어떤 게 있을까?

다음의 두 가지로 설명해 보려 한다.

첫째, 건설산업 종사자는 전문가로서 과학적 사고를 해야 한다.

둘째, 건설산업이 믿을 만한 전문가 양성시스템을 보유함으로써 능력 있는 전문가를 배출해야 한다.

적어도 이 두 가지 사항이 충족될 때 수요자는 건설산업 종사자를 전문가로 신뢰하고 적절한 대가를 고려하게 될 것이다.

또한 적절한 보상은 건설산업에 우수 인력이 유입되기 위해서라도 반드시 필요한 것이다.

적절한 보상이 보장될 때 우수 인력은 건설산업에서 경쟁력을 갖추면 안정된 생활을 유지하는 것이 가능하다는 확신을 갖게 되며, 스스로 능력 있는 전문가가 되기 위한 노력을 할 것이다.

젊은 사람이 유입되지 않는 산업도 발전하기 어렵지만, 우수 인력이 유입되지 않는 전문가 집단 또한 발전하기 어렵다.

따라서 적절한 보상 없이 질적인 단계에서 경쟁력을 확보하는 것은 요원해 보인다.

이와 관련해 저자의 친구 이야기를 소개해보려 한다. 저자의 친구는 설계사무소에 오래 다니다가 개인적인 사정으로 고향에 내려가 기성복을 판매하는 매장을 운영했다. 자신의 매장에 판매 직원을 고용했는데 실제 그를 업무에 투입시키는 데 한 시간 정도의 교육만 필요하다는 것을 알고 매우 놀랐다고 한다. 사실상 설계사무소에서는 대졸 신입사원을 채용하면 수습 기간을 거쳐 현업에 쓰기까지 많은 시간과 비용이 들기 때문이다. 이를 통해 비즈니스 차원으로 봤을 때 건설산업 인력에 대한 교육 비용과 시간이 결코 적지 않다는 것을 새삼 깨달았다고 했다.

바꿔 말하면 설계자를 포함해 시공자, 관리자의 업무는 상당한 준비과정을 거친 자만이 할 수 있는 진입장벽을 가진 전문적인 일인 것이다.

이는 적절한 보상이 이루어져야 한다는 것을 반증하는 사례이기도 하다.

다음은 적절한 보상을 위해 건설산업 종사자에게 요구되는 사항에 대해 좀 더 자세히 알아보자.

4-2-1. 과학적 사고

건설산업 종사자가 과학적 사고를 하지 못한다면 전문가로서 인정받기 어렵다.

왜냐하면 건설산업은 과학적인 사고를 기반으로 하는 산업이기 때문이다.

물론 개인적인 취향이나 느낌, 경험상 자신의 의견을 표명할 수 있지만 건설산업에서 의사 표현을 할 땐 추상적인 개념을 넘어 구체적인 수치가 필요하다.

건설산업 종사자는 일단 법에서 요구하는 과학적 수치를

맞춰야 하고, 대안을 제시하기 위해서는 원가, 품질, 공정, 안전, 계약, 환경 등에 대해 장점과 단점의 크기를 숫자로 표현할 수 있어야 한다.

그다음으로는 장점과 단점을 가지고 주어진 상황을 고려해서 논리적으로 선택할 수 있는 과학적 능력이 요구된다.

그렇다면 건설산업 종사자가 과학적 사고를 하고 있는지를 알 수 있는 수단은 무엇일까?

첫째, 건설산업 종사자가 논리적인지를 평가해 보는 것이고, 둘째, 건설산업 종사자가 일을 체계적으로 하고 있는지를 알아보면 된다.

결국, 건설산업 종사자는 논리성을 가지고, 일을 체계적으로 함으로써 수요자에게 전문가로서 인정받을 수 있고, 적절한 보상 또한 요구할 수 있다고 생각한다.

수요자는 건설산업 종사자의 전문성 정도에 따라, 즉 그 전문성이 수요자의 이익을 대변하는 정도에 따라 적절한 보상을 하게 될 것이다.

가. 논리성

앞서 언급한 바와 같이, 건설산업 종사자가 논리적으로 자신의 의견을 제시하지 못한다면 수요자에게 전문가로서의 지위를 인정받기 어려우므로, 건설산업 종사자는 논리적으로 생각하고 표현할 수 있어야 한다.

작업마다 왜 이렇게 해야 하는지를 논리적으로 인지하고, 가장 최적의 수행방법을 택해야 한다.

또한 다른 의견을 가지고 있는 관련자들을 이해시키고 주어진 목표를 성공적으로 달성할 수 있는 방향으로 끌고 나가기 위해서도 논리가 반드시 필요하다.

전문가의 논리성에 대해 저자가 소개하고 싶은 예가 있다. 데이비드 리스가 지은 '연필 깎기의 정석'(2013, 프로파간다, 정은주 옮김)이라는 책이다.

이 책의 저자는 우리가 일반적으로 아는 연필 깎는 방법을 전문가의 경지로 끌어 올려 서술하고 있다. 준비물, HB 연필 해부, 몸풀기, 주머니칼로 깎기, 외날 휴대용 연필깎이로 깎기, 연필촉 보호하기 등 18장에 걸쳐 연필 깎는 방법을 매우 세분화하고, 왜 그렇게 해야 하는지를 논리정연하게 설명해 놓았다. 또한 문필가, 건축가, 디자이너, 목수 등 연필 사용자에 따라 적합한 형태로 한 자루의 연필을 깎아주는 데 2013년 당시 35달러나 받는 등 최고의 연필깎이 전문가로 인정을 받았다.

이와 같이 건설산업 종사자도 업무에 대한 논리성 정도에 따라 전문가로서의 실력을 보여줄 수 있고, 차별화된 능력에 따라 그에 따른 보상도 자연스럽게 따라올 것이다.

나. 체계적 일 처리

시설물을 건설하기 위해서는 막대한 비용과 시간이 필요하므로 불필요한 작업은 최소화해야 한다.

불필요한 작업을 최소화하고 작업의 생산성을 높이기 위해서는 일을 체계적으로 하는 것이 필요하다.

일을 체계적으로 한다는 것은 미리 계획을 세워 최적의 절차에 따라 작업을 수행하는 것을 말한다.

최적의 절차에 대해 생각해 볼 사례가 있다. 국내 회사가 외국 회사의 선진 기법을 알고 싶어 외국 회사 직원에게 집요하게 물어보았다. 외국 기술자는 대외비라 알려줄 수 없다고 하였으나 하도 매달리는 통에 일부 기법을 알려주었다. 외국 기술자가 알려준 내용은 그 기법을 성공적으로 수행하기 위해서는 10개의 작업을 순서대로 시행하라는 내용이었다. 그러나, 국내 회사는 자신들이 임의대로 그 내용을 평가해 10가지 중 4, 6, 8, 10을 빼고 시행키로 했다. 왜냐하면 그렇게 해도 가능하다고 생각했기 때문이다. 결국, 축소한 절차로는 선진 기법에 의한 결과를 얻을 수가 없었다. 선진화된 외국 회사가 10개의 작업을 정한 것은 불필요한 절차를 최소화한 최적의 결과라는 것을 받아들여야 했다.

건설산업 종사자들도 임의로 판단해서 미리 정해진 최적의 절차를 축소하는 잘못을 저지름으로써 전문가로서의 역할을 저버리지 않아야 한다.

건설산업 종사자가 체계적으로 일 처리를 해야 하는 또

다른 이유는 추후 발생할 수 있는 분쟁에 전문가로서 대비하기 위해서이다.

현재 건설 분쟁 건수는 지속적으로 늘어나고 있고, 법무법인에서 건설분쟁 팀을 신규로 개설하거나 보강하는 추세를 보더라도 건설 분쟁이 많아지고 있음을 알 수 있다.

시설물을 건설하기 위해서는 다수의 활동 주체가 필요하다. 활동 주체를 기능별로 단순화해 보면, 발주자, 설계자, 시공자, 감리자/건설사업관리자로 구분할 수 있는데, 활동 주체들 간의 계약 또는 같은 활동 주체 내에서 콘소시엄 구성이나 하도급에 따른 계약을 하게 된다.

따라서 한 시설물을 건설하는 데는 수십 건, 수백 건의 계약이 발생되어 업무의 책임소재를 명확히 하는 것이 쉽지 않으므로, 건설산업은 추후 분쟁이 발생할 소지가 많다고 할 수 있다.

건설산업에서의 분쟁은 계약 당사자 간의 분쟁뿐만 아니라 계약 관계가 없는 관련자 사이에서도 발생할 수 있다.

계약 관계가 없는 관련자와의 분쟁은 시설물 건설에 따른 피해, 즉 인접 시설물 훼손, 소음, 진동, 일조·조망권 등을 주장하는 제삼자 및 인허가 관청과의 문제를 말한다.

사회가 복잡해지고, 환경을 중시하는 경향에 따라 관련자와의 분쟁도 증가할 수밖에 없다.

분쟁은 시설물 건설의 비용과 기간을 증가시킬 뿐만 아니라 종사자 간 갈등을 일으켜 건설산업의 발전을 저해한다.

건설산업이 질적인 단계로 발전하기 위해서는 사전에 분쟁을 예방할 수 있는 체계적인 업무 수행 능력이 요구된다.

4-2-2. 전문가 양성시스템

건설산업 종사자가 전문가로서 인정받기 위해서는 수요자를 포함한 사회가 인정할 수 있는 전문가 양성시스템이 필요하다.

이 전문가 양성시스템을 통해 건설산업 종사자는 유사한 일을 반복적으로 수행한 경험을 가진 자로서의 역할 뿐만 아니라, 주어진 과업을 수행할 수 있는 전문적인 지식과 문제해결능력을 가진 전문가로서 인정받아야 한다.

인정 받는 전문가 양성시스템이 되기 위해서는 세 가지

사항이 요구된다. 첫째, 전문가에 대한 구분 및 정의, 둘째, 체계적인 교육과정, 셋째, 철저한 검증이다.

가. 전문가에 대한 구분 및 정의

2024년 12월 26일 대한건축학회 주최로 '현 건설 기능 및 기술 인력 관리 방안의 문제점 및 대책'에 대한 세미나가 개최되었다. 성균관대학교 권순욱 교수는 '건설기능인 기능등급제 제도개선 방안'을, 건설산업연구원 최은정 박사는 '건설 기술 인력 관리 효과적 운영 방안'을 주제로 발표하였다.

발표된 자료에 따르면 현재 건설기술인의 등급은 경력, 학력, 자격을 기반으로 초급, 중급, 고급, 특급으로 구분되며, 건설기능인 등급은 현장경력, 자격, 교육훈련, 포상을 기반으로 초급, 중급, 고급, 특급으로 구분하고 있다.

기술인 및 기능인, 둘 다 등급별 능력에 대한 구체적 서술이 없는 것이 문제점으로 지적됐다.

반면에 미국토목학회(ASCE)의 엔지니어링등급 가이드라인은 엔지니어와 고용주가 엔지니어 전문성 개발 및 경력 발전 수준을 인식할 수 있게 돕기 위한 목적으로 작성되었는데 등급별로 정의, 지식, 기술, 태도에 대해 서술되어 있어 등급별 엔지니어의 능력에 대해 알 수 있다고 했다.

저자도 건설산업 종사자가 전문가로 인정받기 위해서는 각 등급별 전문가가 어떤 능력을 가지고 있는지를 명확히 정의해야 한다고 생각한다.

그 능력의 기준에 따라 수요자와 공급자는 작업시간, 작업비용, 작업의 질에 대해 합리적인 거래를 할 수 있게 된다.

능력이 뛰어난 전문가는 그만큼 보상을 받을 수 있고, 능력이 부족한 전문가는 부족한 능력을 채울 방법을 찾게 되어 전문가가 구체적인 능력 중심으로 발전하는 기반이 될 것이다.

저자가 생각하는 '능력'에 대한 정의는 적어도 지식, 경험, 업무의 3가지 항목을 구분해서 서술했으면 한다.

등급별 전문가가 되기 위해서는 어떤 지식을 가지고 있어야 하는지, 어떤 경험이 필요한지, 어떤 업무가 가능한지를 비교적 구체적으로 설명하자는 것이다.

단단한 기준이 경쟁력을 만드는 근원이 된다는 것을 인지하고, 정부는 학계, 연구계, 산업계와 협의하여 기술자 및 기능인의 등급별 능력 정의를 구체적으로 정하고 지속적으로 보완 개선해 나가야 한다.

나. 체계적인 교육(훈련 포함) 과정

등급별 능력에 대한 정의에 따라 필요한 지식을 습득하고 업무를 수행할 수 있는 교육 과정이 필요하다.

저자가 생각하는 교육과정은 등급별로 직종, 기능, 공통으로 구분해서 개발하자는 것이다. 직종은 건축, 토목, 기계, 전기, 통신, 소방, 조경 등으로 세분화할 수 있고, 기능은 원가, 공정, 품질, 안전, 계약, 환경 등으로, 공통은 건설역사, 건설철학, 건설윤리, 건설심리, 건설조직관리, 건설 의사소통, 문서작성 등으로 세분화할 수 있다.

교육 내용은 사례 중심으로 구성해 능력을 배양할 수 있도록 작성돼야 하며, 교육 목표를 달성할 수 있는 최적의 내용을 만들고, 내용의 질을 확보하기 위해 교과서와 같이 검증된 내용만 사용할 것을 제안한다.

교육 방법도 주제별로 같은 내용을 가지고 강사만 다른 형태로 운영하는 것이 바람직하다고 생각한다.

다. 철저한 검증

지금도 건설 관련 자격에 대한 시험 및 요구 조건이 있고 각 관련 교육을 수강한 후 시험을 본다.

하지만 건설산업 종사자의 전문성에 대해 완전한 신뢰를 받지 못하고 있는 현실을 감안한다면 내부적으로 전문성이 부족한 인력을 걸러낼 수 있는 엄격한 검증시스템을 유지해야 한다고 생각한다.

전문가의 능력에 대해 정의하고, 그에 맞는 교육을 한 후 반드시 실무를 수행할 수 있는지를 철저하게 검증해야 한다.

기준에 맞지 않는 자가 검증을 통과한다면 수요자는 더 이상 전문가 양성시스템을 신뢰하지 않을 것이다.

특히, 건설기능인의 경우 작업의 숙련도는 반드시 검증되어야 한다.

제 5 장

부가적 제안

본 책은 양적인 목표를 어느 정도 실현한 건설산업이 질적인 건설산업으로 진입하기 위해 현재 해결해야 할 가장 중요한 두 가지 문제, 건설하자와 건설사고를 줄일 수 있는 방안을 제시하는 데 그 목적이 있다.

이는 기존의 기술개발과 제도개선을 지속적으로 추진하면서, 그동안 비교적 등한시했던 건설산업 종사자에게 관심을 가지고 그들의 만족도를 제고하는 방향으로 노력을 해보자는 것이다.

건설산업 종사자가 느끼는 일에 대한 만족도가 높아지면, 자체적으로 일을 더 완벽하게 처리해 건설하자나 건설사고가 상당 부분 줄어들 것이라고 기대한다.

건설산업 종사자의 일에 대한 만족도를 높이려면 공유할 건설철학과 적절한 보상이 필요한데, 그에 대한 세부적인 사항에 대해서는 앞선 장에서 저자의 의견을 기재하였다.

본 장에서는 제안 내용 외에 건설산업에 도움이 될 만한 사항에 대해 저자의 생각을 정리해 보았다.

5-1. 건설산업 연구 방향

한 산업이 발전하기 위해서는 산업체가 가지고 있는 수요자와 공급자 간의 갈등을 신속히 처리하는 것이 필요하다.

수요자와 공급자는 갈등의 직접적인 대상이므로 이러한 갈등을 해결하기 위해서는 제삼자로서 학계를 포함한 연구자의 역할이 매우 중요하다.

연구자는 수요자와 공급자의 요구사항을 포함하여 갈등의 내용을 정확히 파악하고 바람직한 방향으로 구체적인 안을 제시해야 한다.

또한, 심도 있는 연구를 통해 수요자와 공급자가 논리적으로 연구 결과를 받아들이고 조정하는 데 무리가 없어야 할 것이다.

수요자와 공급자의 갈등 사안이 지속적으로 연구되고 그 결과가 나오고 있음에도 불구하고 갈등이 해결되지 않는 이유는, 수요자와 공급자 각자가 자신의 입장만을 고수해서 그럴 수도 있지만, 양쪽 모두가 납득할 만한 연구 결과가 부족한 것은 아닌지 생각해 볼 필요가 있다.

예를 들어 공급자는 저가 수주가 품질 저하의 원인이라고 주장할 수 있다.

하지만 발주자는 저가로 수주한 경우에도 품질이 우수해서 결과적으로 상을 받은 경우도 있고 낙찰률이 높지만 품질이 좋지 않은 경우도 있으니, 꼭 상관관계가 있다고는 보기 어렵다고 주장한다.

이 경우 연구자는 저가 수주와 품질 간 상관관계에 대해 합리적인 방안을 제시해 양측이 모두 수긍할 수 있도록 만들어야 한다는 것이다.

연구의 대상도 우선순위를 정해 수요자와 공급자 간에 일어나는 가장 큰 갈등부터 해결하는 것이 바람직하다.

갈등 해결을 우선으로 하는 연구와 함께 건설산업에서 즉시 활용 가능한 실용적 연구도 이루어져야 한다.

저자가 38년 전 미국에서 석사학위 과정에 있을 때 같이 과목을 수강했던 동료 학생들의 석사 논문 주제를 보면서 매우 실용적이라는 인상을 받았다.

미국 항공우주국인 NASA에서 장학금을 받는 학생이 있었는데, 달에 시설물을 건설한다는 가정으로 지구에서 가져가야 할 건설장비를 선별하는 방법에 대해 연구하였다.

달이 지구에서 멀리 떨어져 있어 건설장비를 가져가는 비용이 상당하므로, 장비를 이동하는 물류비용을 최소화하는 것이 핵심 연구 주제였다.

비용을 최소화하기 위해 다양한 건설장비 중에서 장비의 수와 중량을 고려해 다기능의 소형 기계로 작업할 수 있는 조합을 연구했다.

건설의 범위가 지구 밖이라는 것을 그 당시 저자로서는 상상하기 어려웠으나, 이 연구가 당장 달에 시설물을 건설하는 데 쓰이지는 않더라도, 멀리 떨어져 있는 건설 현장에 장비를 보내야 할 경우 바로 적용 가능한 연구라는 것을 알고 매우 감명을 받았다.

이와 같이 대학원의 석박사 학위를 위한 연구를 포함해 공공, 민간의 연구소의 결과물이 산업 현장을 실질적으로 개선하는 데 도움이 되어야 한다.

그래서 산업계의 지속적인 연구 요청으로 인해 연구가 활성화되고, 연구 결과물에 의해 산업이 발전하는 선순환이 일어나야 한다.

5-2. 해외시장 진출 전략

국내 건설시장이 안 좋을 때마다 단골로 등장하는 메뉴가 있는데, 바로 '해외시장 진출'이다.

2024년 말 기준으로 해외 건설 누적 수주 금액이 1조 달러를 달성했다고 한다.

그동안의 해외 경험을 바탕으로 해외시장에 대한 막연한 기대감보다는 업체에 맞는 현실적인 전략이 필요할 때이다.

국내에서 시설물을 건설하다가 문제가 생겨도 해결하기

가 쉽지 않다.

하물며, 법, 언어, 문화가 다른 해외에서 문제가 생길 경우 해결할 능력이 부족한 업체는 막대한 손해가 불가피하다.

따라서 해외 리스크를 관리할 수 있는 역량이 되는 업체에 한해서만 해외 진출을 모색하는 전략이 필요하다.

절대로 남의 말이나 운에 의지하지 말고 자신의 역량을 객관적으로 평가해서 해외시장 진출 여부를 결정해야 한다.

당연한 얘기처럼 들리지만, 실제 준비되지 않은 업체가 감언이설에 속아 해외에 진출한 경우가 많이 있었는데, 한 번도 좋은 결과를 본 적이 없다.

해외에 진출하고 싶어 하는 업체가 자체적으로 역량을

점검할 수 있는 체크리스트가 있다면 역량이 부족한 업체가 해외 사업을 추진해서 부담할 비용과 시간을 절약하는 데 실질적으로 도움이 될 것 같다.

해외시장에 진출하는 내용도 시설물을 건설하는 서비스 외에 좀 더 다양하게 생각해 볼 필요가 있다.

저자가 2000년 초 캄보디아에 출장을 갔을 때 프랑스 엔지니어링 업체가 캄보디아에 제공하는 사업 서비스를 보고 놀란 적이 있었다. 그 당시 캄보디아의 수도인 프놈펜시는 재건 사업이 활발히 진행되고 있었는데, 그 프랑스 업체는 시를 대신해 자비로 도시를 측량하고, 지적도를 만들고 있었다. 그에 대한 보상은 지적도 완성 후 일반 시민이 지적도를 사용할 때 지불하는 복사비의 일정분을 프랑스 업체에게 주는 것으로 대신하는 형태라고 했다.

개발도상국에서 필요한 개별 시설물을 건설하는 것을 넘

어, 부족한 공무원 인력과 예산으로 인해 정부기관이 해야 할 업무를 대신해 주는 사업을 한 것이었다.

이와 유사하게, 그동안 양적인 건설을 해온 우리의 수많은 경험과 기술이 인력과 예산이 부족한 저개발 국가에서 유용하게 활용될 수 있는 분야가 있을 거라고 생각한다.

5-3. 정부의 개입 정도

건설산업을 포함한 모든 산업에서 정부의 개입이 전혀 없는 산업은 없다.

문제는 정부가 시장에 어느 정도 개입해야 하는지에 대한 논란일 것이다.

TV에서 미국과 한국의 건설근로자의 삶을 비교한 특집 프로그램을 본 적이 있다. 미국의 건설근로자는 사무직 근로자와 비슷한 안정적인 삶을 꾸려가고 있었는데, 한국의 근로자는 비교적 불안정한 삶을 사는 것으로 표현됐다.

그 이유는 미국 건설근로자는 공공 현장에서 일할 경우 직종에 따라 정부에서 정한 적정 임금을 받는지를 정부가 조사하도록 하는 법이 존재했다.

그런데 미국 건설협회에서는 이를 두고 민간기업의 임금을 강제하는 정부의 지나친 개입이라고 법이 개정되어야 한다고 주장했지만, 법이 만들어진 후 80여 년이 지났지만 아직도 유효하게 집행되고 있다고 했다.

이 법은 원래 존재하지 않았으나, 건설사가 타지의 값싼 노동력을 가져와 저가로 입찰해 수주를 하는 경우가 빈번하게 발생되어 지역의 노동시장에 악영향을 미치고, 낮은 임금으로 근로자의 삶도 피폐해져 적정한 임금을 보장하는 법이 만들어지게 되었다고 했다.

이처럼 정부는 시장을 안정시키고 산업의 종사자인 국민의 안정적인 삶을 위해 적극적으로 개입할 필요가 있는

데, 이러한 개입은 궁극적으로 산업이 발전하는 토대가 된다고 생각한다.

우리 정부도 건설산업이 한 단계 도약할 수 있도록 필요한 개입은 과감하게 결정해 시행할 것을 기대한다.

5-4. 대국민 홍보

건설산업이 국가 경제 발전에 기여하고, 국민에게 나은 삶을 제공함으로써 사회에 공헌한다는 점을 널리 지속적으로 홍보할 수 있는 매체가 필요하다.

따라서 건설 관련 단체에서 협심하여 건설 TV 채널을 확보하기를 제안한다.

이 채널을 통해 시설물 사용자인 국민을 대상으로 시설물 건설로 인한 긍정적 효과를 보여주는 것과 더불어 건설 관련 기술과 제도에 대한 소개를 하여 건설산업이 얼마나 전문적인 산업인지를 국민들에게 인지시킬 수 있다.

또한 산업 종사자들을 바람직한 방향으로 이끄는 구심점으로도 유용하게 활용할 수 있을 것으로 생각된다.

또 다른 방안으로, 건설 관련 시상식에 건설 관련자들만 시상하거나 참여하는 것을 넘어 건설에 영향을 주는 관련자를 포함해 건설산업 발전을 위한 지원체계를 구축하자는 것이다.

예를 들어 건설산업 종사자 이외에 타 분야에서 건설산업을 발전시키고 홍보하는 데 기여한 분들을 위한 상을 제정한다든지, 또는 사회를 지탱해주는 경찰, 군인, 소방대원 등을 초청하여 그 헌신에 대한 고마움을 표시하자는 것이다.

그렇게 함으로써 건설산업 종사자들이 사회의 일원으로서 그 역할을 다하고 있다는 인식을 심어줄 수 있다고 생각한다.

매년 미국에서는 영화와 TV에서 활약한 배우들을 대상으로 한 '배우조합상(SAGA;Screen Actor Guild Award)' 시상식이 열리는데, 2025년 2월 23일 제31회 시상식에서 미국 산불 진화에 애쓴 소방대원을 참석하게 해 그 노고를 치하한 것을 보고 감명을 받았다.

배우들이 자신들의 일도 열심히 하지만, 사회의 안정과 질서를 위해 수고하는 자들을 잊지 않고 고마워함을 인식할 수 있는 장면이라고 생각되었다.

우리 건설산업도 자신의 일에만 신경 쓰는 것이 아니라, 사회 구성원으로서 공익을 위해 수고하는 집단에 대한 감사를 표시하는 성숙함을 보여주었으면 하는 바람이다.

제 6 장

맺음말

최근 일본 소도시를 방문한 적이 있다. 그전에도 일본의 다른 도시들을 여러 차례 방문했었지만, 유독 이번에 방문한 이바라키현의 미토시는 정말 거리가 깨끗했다.

도시에 머무는 동안 청소부는 보지 못했고, 쓰레기통도 찾기가 쉽지 않았다. 또한 도심에 있는 타워에서 내려다본 건물의 옥상과 베란다에서는 적치된 물건을 하나도 볼 수 없었다.

도시가 이처럼 깨끗한 이유가 무엇인지 궁금해졌다.
청소 시스템이 완벽해서인가?
아니면 거리를 더럽히면 강한 처벌을 받기 때문인가?

그런 이유도 있겠지만, 시민들 각자가 쓰레기를 함부로 버리지 않고 정리정돈을 스스로 알아서 잘하는 것도 큰 영향을 주었을 거라고 생각한다.

이와 마찬가지로 건설하자와 건설사고를 줄이기 위해서 기술개발이나 제도개선을 지속적으로 수행해야 하겠지만, 건설산업 종사자 각자가 건설하자와 건설사고를 줄이려는 노력을 스스로 함으로써 상당한 효과를 볼 수 있다고 생각한다.

이 책을 통해 건설산업 종사자 각자가 조금이라도 변화할 수 있었으면 하는 바람이다. 이것이 저자가 이 책을 집필한 이유이다.

독일의 철학자 헤겔(1770-1831)은 '양질전환의 법칙'에 대해 '양이 일정 수준에 도달하면 질적인 변화가 일어난다'고 설명했다.

예를 들어 기업이 일정 수준의 매출(양)을 달성하면 질적인 변화가 시작되고, 전문가가 되기 위해서는 일정 시간(양)의 훈련이 필요하다는 것이다.

우리의 건설산업은 2023년 말 기준으로 시설물의 안전 및 유지관리에 관한 특별법에 따라 관리 대상이 되는 시설물이 총 171,106개나 건설되어 있어 양이 일정 수준에 도달했다고 여겨지며, 이제는 질적인 변화가 이루어져야 하는 시기라 할 수 있다.

건설하자와 건설사고를 줄이려는 노력을 스스로 알아서 하는 건설산업 종사자의 수(양)가 일정 수준에 도달하면, 반드시 질적인 변화가 일어난다고 저자는 확신한다.

1명, 2명으로 시작해서 점점 확대되어(양적 변화) 궁극적으로는 건설하자와 건설사고가 최소화(질적 변화)되는 날을 기대한다.

건설산업 종사자가 건설산업을 질적으로 변화시키는 주체이다.

건설 휴먼비즈니스
construction is HUMAN business
ⓒ배학근 2025

1판 1쇄: 2025년 7월 7일
저자: 배학근
책디자인: 이로울리 디자인 zeeeh@naver.com

출판사: ㈜디슨트
출판등록: 2024년 1월 5일 제2024-000004호
주소: 03723 서울특별시 서대문구 연희로 22길 28-6 B01
전자우편: decent24@naver.com
전화: 02 585 4325
팩스: 0504 079 5831
인스타그램: @decent_consulting

ISBN: 979-11-987395-2-0 93500

이 책 내용의 일부 또는 전부를 재사용하려면 반드시
저자와 출판사 양측의 서면 동의를 받아야 합니다.